AF609338

ISBN 978-3-662-24472-2 ISBN 978-3-662-26616-8 (eBook)
DOI 10.1007/978-3-662-26616-8

Die in den Sitzungsberichten Abtlg. I und Abtlg. II a der math.-nat. Klasse der Österr. Ak. d. Wiss. erscheinenden Abhandlungen werden auch einzeln abgegeben. Sie können durch jede Buchhandlung oder direkt durch die Auslieferungsstelle der Österreichischen Akademie der Wissenschaften (Wien I, Singerstraße 12) bezogen werden.

Nachfolgende Abhandlungen aus den Fächern **Geologie, Mineralogie** und **Geographie** sind erschienen:

1948 (S I Bd. 157):

Leuchs K.: Orogenese im Kalkalpengebiet in Trias-Jura- und Unterkreidezeit, 14 Seiten. S 6.—

1949 (S I Bd. 158):

Cornelius H. P.: Zur Selbstverzerrung der Faltenzüge im Gefolge der Orogenese (mit 5 Textabbildungen), 36 Seiten. S 15.—

Cornelius H. P.: Die Herkunft der Magmen nach Stille vom Standpunkt der Alpengeologie, 27 Seiten. S 17.—

Exner Chr.: Das geologisch-petrographische Profil des Siglitz-Unterbaustollens zwischen Gastein und Rauristal. Beiträge zur Kenntnis der Zentralgneisfazies, II. Teil (mit 2 Textabbildungen und 1 Tafel), 45 Seiten. S 19.60

Haberlandt H.: Neue Lumineszenzuntersuchungen an Fluoriten und anderen Mineralien, IV., 37 Seiten. S 25.60

Leuchs K. (zusammen mit Thenius E.): Zur Pikermifauna von Ilhan bei Ankara (Anatolien). 7 Seiten. S 5.—

Neubauer W.: Das Alter der Tuffe im Gebiet Friedberg—Grafendorf (Nordoststeiermark) mit einem Beitrag zur Geologie der Friedberger Tertiärbucht (mit 1 Textabbildung), 6 Seiten. S 5.—

Petraschek W. E. jr.: Die jüngeren tektonischen und magmatischen Phasen im Gebirgszuge Karpathen—Balkan, 12 Seiten. S 8.—

1950 (S I Bd. 159):

Cornelius H. P.: Zur Paläographie und Tektonik des alpinen Paläozoikums, 9 Seiten. S 7.—

Hanselmayer Josef: Petrographische Studien an Hochtrötsch-Diabasen einschließlich einer kurzen Charakteristik der mit ihnen auftretenden Tonschiefer, 10 Seiten. S 3.60

Küpper H.: Eiszeitspuren im Gebiet von Wien (mit 1 Tabelle), 7 Seiten. S 6.80

Schmidt Walter J.: Die Matreier Zone in Österreich, I. Teil, 41 Seiten. S 25.20

Stark M.: Die Grünschiefer der Kalkglimmerschiefer- Grünschiefer-Serie des Großarl- und Gasteiner Tales. 15 Seiten. S 8.30

Winkler v. Hermaden A.: Tertiäre Ablagerungen und junge Landformung im Bereiche des Längstales der Enns (mit 7 Textabbildungen), 25 Seiten. S 16.80

1951 (S I Bd. 160):

Hießleitner G. und Clar E.: Ein Beitrag zur Geologie und Lagerstättenkunde (Chromerz- und Nickellagerstätten) basischer Gesteinszüge in Griechenland (mit 1 Beilage und 4 Textabbildungen), 12 Seiten. S 11.—

Schmidt W. J.: Die Matreier Zone in Österreich, II. Teil (mit 1 Beilage: geologische Beschreibung mit 20 Profilen und 1 Karte), 49 Seiten. S 28.50

Stratil-Sauer G.: Stellungnahme zu einigen Auffassungen über das Flußlängsprofil (mit 3 Textabbildungen). 20 Seiten. S 7.—

Thurner A.: Die Puchberg- und Mariazeller Linie (mit 8 Textabb., Abb. 1 Beilage), 33 Seiten. S 19.—

Thurner A.: Tektonik und Talbildung im Gebiet des oberen Murtales (mit 12 Textabbildungen), 22 Seiten. S 12.50

Winkler v. Hermaden A.: Über neue Ergebnisse aus dem Tertiärbereich des steirischen Beckens und über das Alter der oststeirischen Basaltausbrüche, 36 Seiten. S 8.—

Winkler v. Hermaden A.: Die jungtektonischen Vorgänge im steirischen Becken (mit 4 Textabbildungen auf 2 Beilagen), 32 Seiten. S 15.—

1952 (S I Bd. 161):

Alker A.: Malchite aus dem Gailtal, IV. Teil, 18 Seiten. S 9.80

Alker A., Heritsch H., Paulitsch P. und Zednicek W.: Malchite aus dem Gailtal, VI. Teil (mit 1 Abbildung), 8 Seiten. S 4.40

Alker A. und Zednicek W.: Malchite aus dem Gailtal, II. Teil, 53 Seiten. S 3.20

Flügel H., Hauser A. und Papp A.: Neue Beobachtungen am Basaltvorkommen von Weitendorf bei Graz (mit 1 Textabbildung), 11 Seiten. S 4.40

Heritsch H.: Malchite aus dem Gailtal, I. Teil (3 Abbildungen), 22 Seiten. S 12.—

Heritsch H. und Zednicek W.: Malchite aus dem Gailtal, III. Teil (mit 5 Abb.), 45 Seiten. S 25.80

Holzer H.: Über geologische Untersuchungen am Westrand der Granatspitzgruppe (Hohe Tauern), 7 Seiten. S 2.80

Küpper H., Papp A. und Thenius E.: Über die stratigraphische Stellung des Rohrbacher Konglomerates, 12 Seiten. S 5.20

Mutschlechner G.: Neue Vorkommen von Glimmerkersantit in den Lienzer Dolomiten (Osttirol) (mit 1 Kartenskizze), 5 Seiten. S 2.10

Osberger R.: Der Flysch-Kalkalpenrand zwischen der Salzach und dem Fuschlsee (mit 1 Kartenbeilage), 16 Seiten. S 10.40

Paulitsch P.: Malchite aus dem Gailtal, V. Teil (mit 2 Abbildungen), 31 Seiten. S 13.80

Schmidt W. J.: Die Matreier Zone in Österreich, III. bis V. Teil (mit 1 tektonischen Karte und 9 Profilen), 28 Seiten. S 16.30

Beiträge zur Kenntnis der Schichtfolge und Tektonik der Lienzer Dolomiten

Von Marta Cornelius-Furlani, Wien

(Erster Beitrag)

Mit 2 Tafeln und 1 Profil

(Vorgelegt in der Sitzung am 7. Mai 1953)

Als Lienzer Dolomiten bezeichnet man den westlichen Abschnitt der Gailtaler Alpen, welcher zwischen dem Gailbergsattel im O und dem Kartitscher Tal im W liegt. Westlich von diesem spitzt das Gebirge in einzelne Linsen aus, die sich im oberen Pustertal noch bis Bruneck verfolgen lassen (Furlani 1912).

Das Gebirge bildet eine schroffe Mauer von rund 2000 m Höhe, welche von Abfaltersbach bis Oberdrauburg keinen einzigen niedrigeren Paßübergang aufweist. Im ganzen sind überhaupt nur vier Möglichkeiten vorhanden, das Gebirge auf gebahnten Wegen in Nord—Süd-Richtung zu überqueren. Dem Stürzelbach entlang und über die sanften Kristallin- und Grödener Sandsteinhöhen nach Obertilliach, über die Leisacher Alm nach Maria Luggau, über den Zochenpaß und das Wildsendertal nach Tuffbad und schließlich über die Lavanter Alm und die Midnatzen zur Lakenalm und St. Lorenzen. Die Kalkmassen fallen als steile Mauern mit dem Schichtfallen von 70—80° gegen das Drautal ein und sind von unzugänglichen Schluchten zersägt worden. Besonders eindrucksvoll sind die Klammen, welche vom Galitzenschmid nach W bis in die Gegend von Abfaltersbach den Nordabfall des Gebirges durchbrechen. Die Südseite ist immerhin noch steil genug, wenn auch nicht so abweisend wie sein Nordabfall. Das Innere des Gebirges ist eine unwegsame Steinwüste, mit spärlichem Wald bestanden; es gibt nur wenige Almen, und zwar liegen sie dort, wo größere Moränen oder Ansammlungen von schieferigen Gesteinen die Entstehung von Wiesen ermöglicht haben. Die westlichen Lienzer Dolomiten sind das Gebiet von Österreich, das den größten Prozentsatz an Ödland aufweist.

An älteren geologischen Untersuchungen ist wenig vorhanden; die einzige Kartierung ist die Übersichtsaufnahme der Blätter 1:75.000 Sillian—St. Stefano, Lienz, Oberdrauburg—Mauthen, Döllach (nur Sillian und Oberdrauburg sind im Druck erschienen) von Georg Geyer, aus den Jahren 1899—1902. Diese Arbeiten sind eine ausgezeichnete Grundlage für jede weitere Bearbeitung. Man kann nur immer wieder staunend feststellen, wieviel und wie richtig dieser Meister der alpinen Kartenaufnahme gesehen und in wie kurzer Zeit er eine solche Fülle von Beobachtungen zustande bringen konnte. Seit Geyer haben wohl einige Geologen das Lienzer Gebirge besucht und überquert, aber eingehendere Studien außer den vorliegenden wurden nicht unternommen (Klebelsberg 1950).

Ein Teil der in der vorliegenden Schrift verarbeiteten Begehungen liegt schon weit zurück. Sie wurden kurz nach dem ersten Weltkrieg begonnen, dann durch längere Zeit unterbrochen und erst in den letzten Jahren wieder aufgenommen.

Es ist mir eine angenehme Pflicht, an dieser Stelle der Österreichischen Akademie der Wissenschaften zu danken, daß sie mir durch die Gewährung einer Subvention die Ausführung der Arbeiten im Gelände erleichtert hat.

Stratigraphie.

Die kristalline Unterlage:

Die Gneise des Pustertales bilden im N die Unterlage der Lienzer Dolomiten. Der eigentliche Kontakt ist durch die Alluvionen des Lienzer Beckens und des Drautales verdeckt und nur an ganz wenigen Stellen sichtbar. Nirgends liegen die westlichen Lienzer Dolomiten mit einem normalen Kontakt der Unterlage auf. Im allgemeinen liegt die linke Talseite des Drautales im Grundgebirge, die rechte im Mesozoikum. An einzelnen Stellen tritt aber das Kristallin auf die Südseite der Drau, und zwar: Beim Ulrichsbühel, dort, wo der Fußweg zum Tristacher See eine Kehre des Sträßchens abschneidet, steht der Gneis in größerer Ausdehnung an. Es sind sehr stark gefältelte Muskowitgneise mit Einlagerungen von Quarzit. Das Streichen ist hier nach SW, das Ganze eine linsenförmige Schuppe. Es folgen Bänke von Augengneis, dort, wo der Fußweg auf die Straße mündet.

Ein anderes Vorkommen ist an dem Wege, der am Fuße des Rauchkofels zum Galitzenschmid und dann der Drau entlang führt. Ein weiteres ist am sogenannten „Stadtweg", einem Holzziehweg, der die Galitzenklamm umgeht, und zwar bald dort, wo der Weg anzusteigen beginnt. Es stehen sehr glimmerreiche phyllitische Gesteine an (Phyllonite?). Sie enthalten Quarzknoten, sind sehr zerpreßt und gequält. Dann folgen Gneise, die aber so tektonisiert sind, daß sie zu Grus zerfallen. Diese Zone erstreckt sich ziemlich weit dem Stadtweg entlang, bis ungefähr 900 m Höhe und kreuzt einige Male den Weg.

Auf der Südseite des Gebirges bildet die Unterlage ein Granatglimmerschiefer, welcher mit einem Zweiglimmergneis wechselt. Aber auch hier finden sich zahlreiche, ganz in schwarzen Mylonit verwandelte Partien.

Perm:

Die Basis bildet ein Grundkonglomerat, das aus runden und eckigen Komponenten besteht. Diese liefern geradezu eine Musterkollektion der Gesteine des Untergrundes.

Sehr schöne Aufschlüsse bietet der Taleinschnitt des Tuffbaches bei Tuffbad ob St. Lorenzen im Lesachtale. Ein im Jahre 1952 neu hergerichteter Weg, der dem Bache entlangführt, ermöglicht gute Einblicke in das Grundkonglomerat (Verrucano). Wir sehen darin neben ganz eckigen Komponenten aus Granit und Gneis gerundete aus Quarz und Glimmerschiefer. Besonders fällt ein gelber Kalk auf, der einige Lagen ganz ausfüllt, und zwar in gerundeten wie in eckigen Stücken. Die Grundmasse besteht aus dem aufgearbeiteten grauen Phyllit. Die Grundbildung geht durch Einschaltung eines hellen braunen Sandsteins in den Grödener Sandstein über. Dieser führt aber auch immer wieder einzelne Geröllagen, die aber nur aus Quarz und Porphyrgeröllen bestehen; mitunter sind auch Stücke eines schwarzen Kieselschiefers vorhanden. Die ganze Schichtfolge steht saiger, wie aus den Geröllagen ersichtlich ist. Im Graben sieht man sie am orographisch rechten Ufer im Glimmerschiefer verschwinden, am linken Ufer liegen schwarze Quetschschiefer an der Grenze gegen das Kristallin. Dieses ist bis zur Unkenntlichkeit mylonitisiert. Dann folgen graue Phyllite (Phyllonite?) und stark gequälte Gneise. Der Verrucano bildet eine spitze Falte, die im Kristallin auskeilt ohne Zwischenlage irgendeines jüngeren Schichtgliedes.

Die Hauptentwicklung des Grödener Sandsteins folgt erst weiter nördlich. Im W von Tuffbad findet sich der Grödener Sandstein in dem gleichen Graben noch in großer Mächtigkeit, besonders gegen den sogenannten „Sattel“ hin. Hier erscheint über dem karnischen Granatglimmerschiefer ein roter Quarzporphyr in ziemlicher Mächtigkeit. In der Runse, die genau östlich vom „Sattel“ in den Tuffbachgraben zieht, steht ein grauer Porphyr an, daneben, es steht alles saiger, roter Grödener Sandstein, der genau O—W streicht und die Höhe des „Sattels“ bildet. Es folgen gegen Norden ein paar Bänke eines schwarzen vollkommen zerrütteten Dolomits und dann der Hauptdolomit der Hauptkette.

Im O von Tuffbad fehlt der Verrucano. Über den Glimmerschiefern folgt der Grödener Sandstein zuerst mit grauen und braunen Quarzitbänken und dann erst der typische rote Sandstein. Über diesem Grödener Sandstein folgen Rauhwacken und unreine Dolomite und darüber die Fleckenmergel des Lias, schmale Zonen bildend, die gegen das Leiteneck hinüberstreichen. Auf dem Wege von Tuffbad zur „Bolitzen“ sieht man diese Lagerungsverhältnisse. Die untersten Dolomite bilden eine Linse im Grödener. Es sind ganz schmale Streifen, welche den Grödener begleiten. Erst die Rätmergel, welche von der Bolitzen herabkommen, sind mächtiger. Südlich vom Riepenkofel gegen die Alm „Laken“ ist das Perm vollständig verschwunden, der Hauptdolomit, das Rät und der Lias kommen in direkte Berührung mit dem Kristallin der Unterlage. Erst weiter im O leuchten wieder die roten Anrisse des Grödener Sandsteins. Er ist in der großen Schuppenzone südlich vom Riepenkofel tektonisch ausgewichen. Das Basiskonglomerat fehlt in dieser Gegend vollständig. Es fehlt aber auch an der Nordseite des Hauptkammes. Das Profil vom Tristacher See enthält nur den Grödener Sandstein und seine Konglomeratlagen, welche jedoch stellenweise Phyllitbrocken enthalten. Die Aufschlüsse im Grödener Sandstein (den man hier auch Buntsandstein nennen könnte) dieser Lokalität gehören zu den eindrucksvollsten in dieser Schichtserie. Kommt man von Lienz auf dem Sträßlein zum See, so fallen einem vor allem die Mauern aus weißem und grauem Sandstein auf, welche rechts und links von der Straße den Ausgang zum See bilden. Es folgen dann rote Sandsteine mit Konglomeratlagen, die am Wege, der links von der Straße abzweigend um den See herumführt, sehr schön zu sehen sind. Die Gerölle bestehen aus Quarz, rotem Porphyr, seltener aus Phyllit und sind von wechselnder Größe: Erbsen- bis Eigröße überwiegen — größere Stücke sind äußerst selten. Die polygene Verrucano-Breccie fehlt.

Sehr mächtig entwickelt sind auch die Permablagerungen des roten Sandsteins am Gailberg, besonders schön an der Gailbergstraße, auf der Südseite des Sattels, wo die Straße zum Gailtale absteigt.

Im ganzen Drauzuggebiet ist jedoch von der kalkigen Entwicklung des südalpinen Perm vom Bellerophonkalk keine Spur zu finden.

Skyth:

Die Werfener Schichten spielen eine ganz untergeordnete Rolle: sie scheinen der Hauptgleithorizont gewesen und mehr oder minder vollkommen reduziert worden zu sein. Im N bei Tristach ist ein schmaler Streifen vorhanden, im S sind sie auch nur in ganz wenigen Resten erhalten. Einige unreine Kalke südlich des Riepenkofels möchte ich in diesen Horizont einreihen.

Anis:

Auch der Gutensteiner Kalk ist nicht sehr verbreitet. An der Nordseite, im Tristacher Profil, ist er entwickelt — seine Hauptverbreitung ist nördlich von Oberdrauburg, wo dunkle, mit weißen Adern durchzogene Kalke in großer Menge anstehen. Da sie vollständig fossilleer sind, ist ihre stratigraphische Stellung fraglich. Am Südabhange fehlt er bis auf einen Streifen im W, nördlich von Obertilliach. Geyer beschreibt in dieser Gegend eine sehr starke Verfaltung von Muschelkalk mit Werfener Schichten. Das Anis enthält im W glimmerreiche Mergel mit Brachiopoden. Weiter im O, südlich von Dellach, im Drautale, kommen größere Aufbrüche von anisischen Kalken vor.

Ladin:

Auch der Wettersteinkalk ist in den westlichen Lienzer Dolomiten spärlich vertreten. Es sind helle, immer gut gebankte, oft sehr dünnplattige Dolomite, welche an den Gipfelgraten der zentralen Lienzer Dolomiten auftreten und sich durch die starke Schichtung von dem mehr massigen Hauptdolomit unterscheiden. Sie ziehen von Pirkach bei Oberdrauburg gegen die Kerschbaumeralpe und verschwinden dort. (Alte Bergbaue auf Zinkerze, Fluorit im Pirkacher Graben — O. Sussmann 1901.)

Karinth — Raibler Schichten: (Cardita Schichten Geyers).

Sie bilden zu beiden Seiten des Wettersteindolomits ein sehr auffallendes Band (manchmal ein in mehrere Streifen geteiltes Band oder mehrere Bänder).

Ein besonders schönes Profil gibt das Gehänge südlich der Kerschbaumer Alpe, das auch gut zugänglich ist.

Man unterscheidet hier von unten nach oben:

2 m mächtige bräunliche, sandige Kalke,
$^1/_2$ m dünnschichtige graue Kalke,
30 cm Bank mit fraglichen Korallen,
$^1/_2$ m dünnplattige Kalke,

2—3 m dünngeschichtete schwarze Stinkkalke,
4 m gelbliche dickbankige Kalke,
1 m schwarze Schiefer,
4 m gelbliche dickbankige Kalke.

Diese Folge wiederholt sich. Die zwei Bänder von schwarzen Schiefern ziehen durch das Gehänge, immer in den starken Falten steckend.

Nach oben werden die Kalke grobbankig.

Bei 2200 m finden wir gelbe knollige Kalke, zum Teil Spatkalke mit schwarzen Schiefern wechselnd.

Am Zochenpaß sehen wir in den Raibler Schichten noch außer den schwarzen Schiefern und entsprechenden Kalken und Dolomiten Tuffsandsteine, kieselige Sandsteine und an der Grenze gegen den Hangenddolomit die von Geyer beschriebenen gelb verwitternden bläulichen Kalke, in welchen mit Kalkspat ausgekleidete Hohlräume (Schnecken?) auftreten. Sie bilden ein auffallendes Wandl an der Paßhöhe.

Dunkle Schiefer und graue, gelb verwitternde unreine Kalkbänke ziehen dem Graben entlang, der aus dem Kar südwestlich vom Simonskopf herabzieht. Der Hauptdolomit, der ihr Hangendes am Kerschbaumertörl bildet, ist stark zerrüttet. Diese Zertrümmerungszone zieht gegen die Laserzwand und bildet dort ein sehr auffallendes, breites Band, gegen S zieht sie zum Zochenpaß und hängt anscheinend mit der dort vorhandenen Querfaltung zusammen.

Auf der Südseite finden wir die Raibler Schichten unter der Weittalspitze, wo sie, vollkommen lotrecht aufgestellt, durch eine Schlucht in das Wildensendertal hinabstreichen und im Schutt verschwinden. (Tafel 1, Fig. 1, 2.) Erst am Gehänge unter dem Bösen Weibele (Rosenköpfel) kommen sie wieder heraus und sind auch hier wild verfaltet. Der Name „Rosenköpfel“ kommt von einer Faltenrose in der Wand des Berges. Eine Querfalte ist oben abgeschnitten, so daß die untere Schicht zutage tritt und eine sehr auffallende Gestaltung hervorruft. Die Raibler des Zochenpasses ziehen am Südhange der Hauptkette weiter und bilden die sogenannten „gefärbten Gänge“ in der Südwand des Seekofels. Sie ziehen gegen das Lavant-Luggauer Törl. Die Wildensenderspitze liegt jedoch schon im Hauptdolomit.

In diesen Schichten zeigt sich die wirre Faltung einer Querstörung. Das geradezu lineare O—W-Streichen dreht nach N—S, die Schichtflächen fallen nach W, die Scheitel der Falten sind zerborsten, so daß ein völliger Wirrwarr entsteht, der dann weiter

Fig. 1. Steilgestellte Raibler Schichten am Südabhang der Weittalspitze.

Fig. 2. Steile Falten im Süden der Weittalspitze.

westlich im Schutt verschwindet. Schon Geyer sind die starken Verfaltungen aufgefallen.

Nor (Hauptdolomit):

Dieser ist das Hauptgestein der Lienzer Dolomiten, die an 1000 m hohen Wände bestehen daraus. Es ist das typische helle etwas kristallinische, bald grob, bald etwas dünner gebankte Gestein, das oft in jenen Grus zerfällt, der zu gewaltiger Schuttentwicklung neigt. Die basalen Anteile sind von einem brecciösen Dolomit gebildet.

Von der Gegend der Leisacher Alpe beschreibt Geyer (1903) dünnbankige bituminöse Lagen, welche den Asphaltschiefern von Seefeld ähnlich sind. Aus der Gegend südlich Lienz sind solche unbekannt. Einige Vorkommen sind im Tuffbachgraben vorhanden.

Rät:

Aus dem Hauptdolomit gehen die Rätkalke allmählich hervor; es schalten sich unreine Kalke ein, und es folgen sandige Schiefer und schwarze Kalke und Schiefer. Das Rät besteht aus einer Folge von dunkelgrauen, bald dicker, bald dünner gebankten Kalken und schwarzen Schiefern. Die Kalke enthalten meistens irgendwelche Fossilreste — jedoch gewöhnlich unbestimmbar. Häufig sind „Lithodendronkalke“ und solche mit Brachiopoden (Terebrateln) und Krinoidenstielgliedern, die manchmal schön auswittern. Besonders bekannt ist eine Stelle am Wege vom Tristacher See zur Dolomitenhütte, wo man sie aus dem lehmigen Boden herauskratzen kann — leider ist aber die Stelle nicht im Anstehenden, sondern in der großen Schutthalde, welche vom Rauchkofel herabzieht. Die Stelle war schon Geyer bekannt. Der Boden ist lehmig und liefert schöne Weideböden. (Weißensteinalm.) An der oberen Grenze liegt ein sehr massiger, hellweißer Riffkalk, welcher die Felsen des Weißensteins bildet, an anderen Stellen gehen aber die Rätkalke ganz allmählich in die Liaskalke über, wie am Südabhange des Riepenkofels. Geyer gibt eine Menge von Rätfossilien an — ich habe bis auf einige Krinoidenstielglieder und einige Terebrateln nichts gefunden.

Der Riepenkofel zeigt die mächtigste Entwicklung des Rät in den Lienzer Dolomiten. Er bildet eine tektonisch angeschoppte Linse; die Lagerung ist nicht etwa flach muldenförmig wie es aus der Entfernung den Anschein hat.

Am Riepenkofelgipfel fallen die Schichten steil Süd, dann neigen sie sich gegen N und pendeln ständig zwischen diesen Richtungen hin und her. Verfolgt man den Grat vom Riepenkofel gegen das Böse Weibele (Rosenköpfel), so sieht man die härteren

Dolomit- und Kalkbänke wie Mauern in die Luft ragen. Manche sind noch gewellt und zeigen schöngebogene Schichtflächen. Die Schichtfolge ist eine sehr rasch wechselnde; wir sehen von S nach N über den normalen grauen Kalken mit hin und wieder Lithodendron Auswitterungen auf den Schichtflächen, die den Gipfel des Riepenkofels aufbauen, schwarze Schiefer mit Kalkbänken, unreine gelbliche Kalke, schwarze Schiefer, Bänke von Dolomit, dünnplattige Kalke mit Lumachellen, Plattenkalke und schließlich eine ungefähr 20—50 m mächtige Lage von Dolomit, dann wieder dunkle Schiefer und schließlich die Fortsetzung des Dolomits des Solecks, der in einzelne Linsen zerrissen ist, welche in die schwarzen Schiefer eingebettet sind.

Im Kar der Mirnitzen liegen die Rätschiefer in unmittelbarer Berührung mit den Raibler Schichten, die von den Weittalspitzen herüberstreichen und hier eine große Mächtigkeit erreichen.

Eine weitere große Ansammlung von Rätschichten finden wir am Gailbergsattel, wo wir längs der Straße die schönsten Aufschlüsse sehen können.

Ebenfalls sehr eindrucksvolle Einblicke in den Schichtaufbau der Rätbildungen gibt der Weg, der vom Kreithof nach Lavant führt. Die Kirchen von Lavant liegen auf den senkrecht aufgestellten Schichtköpfen der Rätkalke.

Lias:

Geyer unterscheidet einen unteren von einem oberen Anteil: der untere besteht aus grauen Fleckenmergeln und Kalken, der obere aus den bunten Kalken und Mergeln der Adnether Fazies. Diese beginnen am sogenannten „Stadtweg“ mit einer bunten Kalkbreccie, worauf die typischen roten und gelbgeflammten Kalke folgen.

Die weißen, grobgebankten Riffkalke des Weißensteins und dessen Fortsetzung liegen nicht, wie Geyer annimmt, über den roten Kalken, sondern unter den grauen Fleckenmergeln, die bisweilen auch rötliche Flammungen zeigen, sie liegen unmittelbar über den Rätkalken und Schiefern der Hohen Trage, wie die schönen Aufschlüsse an dem neuen Holzziehweg von der Dolomitenhütte zur Karlsbader Hütte zeigen. Sie sind als der oberste Teil des Räts anzusprechen, also als oberrätischer Riffkalk, aus dem dann durch allmählichen Übergang die Fleckenmergel entstehen, wie wir sie bei der Dolomitenhütte finden. Diese sind ebendort durch Ammoniten als Unterlias gekennzeichnet. Am Weißenstein hält das Nordfallen der Schichten an; sie stehen hier fast lotrecht.

Über den Fleckenmergeln folgen die roten und weißen Kalke des Mittellias (Domérien). Diese haben eine so große Ähnlichkeit mit den gleichaltrigen Schichten der Luganer Gegend, daß man sie im Handstück überhaupt nicht unterscheiden kann. Geyer beschreibt aus diesen mittelliassische Ammoniten, was ja auch damit übereinstimmt. Die braunen „Stengelschiefer“ Geyers fallen mit unseren Neokommergeln zusammen, die H. P. Cornelius und ich im Jahre 1943 beschrieben haben.

Unterlias:

Besteht aus den erwähnten grauen unreinen Kalken und Mergeln. Bisweilen als Fleckenmergel entwickelt, manchmal muschelig brechend, mit braunen Ablösungsflächen, hin und wieder Kieselknollen enthaltend. Auch größere und kleinere Lagen von Kiesel kommen darin vor. Niemals aber die langgestreckten Bänder wie in den calcari selciferi der lombardischen Fazies der Südalpen. Am Riepenkofel gehen sie ganz allmählich aus den Rätkalken hervor. Wenn man nicht zufällig einen Ammoniten findet, ist die Abgrenzung vollkommen willkürlich. Die Kalke sind oft dicker oft dünner gebankt, immer stark gefältelt und mit Kalzitadern durchzogen.

Von der Umgebung der Dolomitenhütte habe ich folgende Ammoniten bestimmen können:

Vermiceras rothpletzi (Boese) Hyatt,
Hubertoceras mutans (Waagen) Spath,
Ophioceras raricostatum (Ziet.) Hyatt,
Vermiceras bavaricum (Boese) Hyatt,
Arnioceras geometricum (Opp.) Hyatt,
Dumortieria radians cf. costula (Quenstedt) Haug.

Es sind durchwegs Formen, die für den Unterlias bezeichnend sind. Vom Riepenkofel stammt ein Bruchstück von Vermiceras rothpletzi (Boese). Nur Dumortieria radians kommt auch im Mittellias vor.

Mittellias:

Die Aufschlüsse am „Stadtweg“ wurden schon mehrfach beschrieben. Hier ist besonders schön die Basalbreccie der roten Kalke zu sehen. In einem kleinen Steinbruch an der Straße ist sie aufgeschlossen. Sehr schön sind auch die Aufschlüsse am Südhang des Riepenkofels. Hier geht der Unterlias ohne Grenze aus dem Rät hervor, und über diese beiden Schichtglieder transgrediert der rote Jura. An einer Stelle am Alpwege, der vom Riepenkofel nach „Laken“ führt, befindet sich knapp unterhalb der Waldgrenze ein

Anriß, wo eine Lawine die Grasnarbe weggerissen hat. Hier kann man die transgressive Auflagerung der roten Kalke sehr schön sehen. Die rote Substanz dringt in die karrige Oberfläche der unterlagernden Kalke ein und füllt alle Risse aus. Weiter im Osten ist die obere Abteilung der roten Kalke mächtig entwickelt. Auffallend rote Anrisse sind weithin sichtbar. Es sind erst Kalke, die dann in rote Mergel übergehen. Diese sind oft so unrein, daß man manchmal im Zweifel sein könnte, ob man es nicht mit Werfener Schichten zu tun habe, besonders wenn sich auch Glimmerschüppchen auf den Schichtflächen einstellen. Die Lagerung gibt in dieser Hinsicht keine Hinweise, da tektonisch dort alles vorkommen kann. Leider habe ich keine Fossilien gefunden.

Aptychenkalke:

Dünnschichtige weiße und rötliche Kalke, mit braunen Ablösungsflächen und Hornstein sowohl in Knollen als auch in Lagen, manchmal von schön roter Farbe. Sie gleichen vollkommen all dem, was man in den Nordalpen als „Aptychenschichten“ zu bezeichnen pflegt. Besonders schön im Profil am „Stadtweg“ entwickelt, aber ebenso auch weiter westlich am Rötenbach.

Es ist auch möglich, daß die oben beschriebenen roten Mergel am Südgehänge des Riepenkofels zum Oberjura gehören, wenn man an die Verhältnisse in den Nordalpen denkt, wo am Hinteren Sonnwendjoch rote mergelige Aptychenkalke über die roten Liaskalke transgredieren. Nur enthalten erstere in den Nordalpen immer zahlreiche Aptychen, während sie in den Lienzern fossilleer sind.

Neokom:

Schwarzgraue, bröckelig verwitternde Tonsteine, feingebankte Sandsteine mit kalkigem Bindemittel, schwarze, sandige Schiefer von ausgesprochen flyschartigem Charakter bilden das wiesenreiche Gelände der Amlacher und Mitterwiesen unmittelbar südlich vom Rauchkofel. Sie wurden von Geyer als sogenanntes „sandiges Rät“ kartiert.

Folgende Umstände haben meinen verstorbenen Mann und mich bewogen, diesen Schichtkomplex zum Neokom zu rechnen:

1. Die für das Rät so bezeichnenden grauen Kalke mit Fossilspuren fehlen vollkommen.

2. Von dem echten Rät sind diese flyschartigen Gesteine immer durch die Aptychenkalke und die grauen und roten Liaskalke und Fleckenmergel getrennt. In unserer Notiz aus dem Jahre 1943 haben wir den Mangel von Fleckenmergeln hervorgehoben, solche

haben sich aber bei der Dolomitenhütte reichlich fossilführend vorgefunden.

3. Das unmittelbare Hangende ist ein rötlicher und grauer Kalk mit braunen Ablösungsflächen, den wir als Aptychenkalk gedeutet haben, nach seiner Ähnlichkeit mit den gleichaltrigen Ablagerungen der Nordalpen. Das Neokom zieht von den Rauchkofelwiesen über den Galitzenbach und streicht westlich vom Rötenbach in das Tal aus. Auch am „Stadtweg" finden sich schöne Aufschlüsse.

Eruptivgesteine:

Südlich vom Lienzer Rauchkofel findet man in den Neokomschichten Stücke eines dunklen glimmerreichen Eruptivgesteins, welches wohl mit dem von Geyer beschriebenen Glimmerkersantit identisch ist. Letzterer beschreibt das Gestein aus der Gegend von Thal, drauaufwärts von Lienz. H. P. Cornelius hat einen Schliff davon 1943 beschrieben. Das Gestein ist vollkommen massig, also unbedingt nachalpidisch.

Ich habe noch recht zahlreiche Stücke davon gefunden, ohne daß es mir gelungen wäre, es restlos unzweideutig anstehend aufzuspüren. Es liegt in den schwarzen Schiefern, und zwar gehäuft an einer Stelle in den Anrissen südlich des Rauchkofels. Es bildet auch größere Felsblöcke, aber der Kontakt ist niemals zu sehen, da die weichen Schiefer sehr zum Rutschen neigen und stark mit Gras bewachsen sind. Es freut mich nun, zu lesen, daß es Herrn G. Mutschlechner (1952) gelungen ist, das Anstehende des Gesteins zu finden, und zwar an zwei Stellen. Das eine Vorkommen liegt knapp oberhalb der Tristacher Alm, das zweite südwestlich vom Kreithof. Nun fand ich aber noch sehr zahlreiche Blöcke des Eruptivgesteins am Südabhange des Rauchkofels, an Stellen, wohin sie von der von Mutschlechner beschriebenen Fundstelle „Tristacher Alm" nicht gelangen können, weil sie viel höher liegen als letztere. Das Gestein muß also noch an verschiedenen anderen Stellen anstehen — es ist demnach in den flyschartigen Kreideschiefern recht häufig.

Lagerungsverhältnisse.

(Profil 1, 2.)

Den besten Einblick in die Lagerungsverhältnisse bietet uns die Betrachtung einiger Profile in N—S-Richtung durch das Gebirge.

Wir gehen zunächst von Lienz aus nach Süden zum Tristacher See. Letzterer liegt in einer Gazialwanne, welche dem Rauchkofel vorgelagert ist. Ein niedriger Rücken scheidet diese gegen das Becken von Lienz. Am Fuße dieses Rückens, am Ulrichsbühel, treffen wir auf die Glimmerschiefer der nördlichen Unterlage. Eingeschaltet sind ein paar Bänke von Augengneis, dort, wo der Fußweg auf das Fahrsträßchen zum See mündet. Darüber liegt ein schwarzer, rot gebänderter splitteriger Kalk (Muschelkalk). Ein paar sandige Bänke darin werden von Geyer als Werfener Schichten gedeutet. Alles steil Nord fallend.

Knapp vor dem See kommt man in den Grödener Sandstein. Hier sind die Bänke vollkommen saiger. Zuerst findet sich ein weißer Quarzit, dann ein roter Grödener Sandstein mit eingeschalteten Konglomeratbänken. Es sind eindrucksvolle Mauern, die den Weg zum See versperren, ein junger Durchbruch durchschneidet sie und entwässert den See gegen Tristach. Dem See entlang sind die Höhen gletscherbeschliffen, und am Ende des Sees treffen wir auf schöne Rundhöcker der kristallinen Unterlage. Gewaltige Moränen liegen darauf, es sind solche des Draugletschers, wie die vorwiegend kristallinen Gerölle bezeugen. Dort, wo der Weg zu den Amlacherwiesen anzusteigen beginnt, kommt man in den Streukegel der Rätablagerungen, die den Auerlingbühel aufbauen. Leider ist der ganze Abhang bis an die dunklen Schiefer hin verstürzt und aufschlußlos. Erst in den Mergeln des Neokoms kommt man wieder in anstehendes Gestein. Dieses besteht aus grauen Mergeln, Sandsteinen und Stengelschiefern, die Geyer als „sandiges Rät“ beschrieben hat, die aber vom fossilführenden Rät immer durch Jurakalke getrennt sind. Auffallend ist der flyschartige Charakter dieser Schichten. Bei der Dolomitenhütte ist der Jura fossilführend. Es sind graue Fleckenmergel und gelbliche, rötlich geflammte Kalke. Alle Ammoniten, die ich in den grauen Kalken fand, stammen von diesem Fundort. Nur ein Ammonitenrest wurde am Südabhange des Riepenkofels aufgefunden. Es handelt sich durchwegs um Unterlias. Besonders schön ist das Rätprofil der Hohen Trage. Die steil Nord fallenden grauen und roten Liaskalke gehen allmählich in den weißen rätischen Riffkalk über, und aus letzterem entwickeln sich die Rätmergel und Kalke. Diese führen immer Fossilspuren, seien es nun Lithodendron, Krinoiden oder Muschelreste. Alles fällt steil nach N ein.

Unter der Laserzwand fallen uns dunkle Schiefer auf, in denen zwei Dolomitlinsen stecken. Es sind Raibler Schichten, welche in einem steilen Aufbruch herauskommen. Unter den Wänden des Auernigbühels ziehen sie nach O und verschwinden

Additional information of this book

(Beiträge zur Kenntnis der Schichtfolge und Tektonik der Lienzer-Dolomiten; 978-3-662-24472-2) is provided:

http://Extras.Springer.com

im Schutt. Nach W ist ihre Fortsetzung auch nicht weiter zu verfolgen, da der Hauptdolomit hier alles bedeckt.

Geyer erwähnt dieses Vorkommen nicht, auch nicht als Rät, wofür man es auch halten könnte. Gegen Rät spricht aber der Mangel an Fossilspuren und das Überwiegen von braun anwitternden Sandsteinen, wie wir sie in den Raiblern des Zochenpasses häufig finden.

Wie schon erwähnt, spielt der Wettersteindolomit in dem Lienzer Gebirge eine sehr geringe Rolle. Er verschwindet bei der Kerschbaumeralpe, indem er gegen W untertaucht. Erst viel weiter im W kommt er in einzelnen wenig mächtigen Streifen in einigen Profilen wieder zum Vorschein.

Sehr bemerkenswert sind die Verhältnisse am Zochenpaß. Südlich der Kerschbaumeralpe streichen die Raibler Schichten durch. Unmittelbar unter dem Zochenpaß kommt der Alpenvereinsweg in die Raibler Schichten. Man quert zunächst unreine Kalke und Dolomite, dann die schwarzen Schiefer, schließlich die Sandsteine und Kalke mit Gastropodenresten unmittelbar auf der Paßhöhe.

Sehr sonderbar sind die Lagerungsverhältnisse. Die Schichten weisen eine äußerst wirre Faltung auf; da gibt es normal O—W-streichende Falten neben solchen mit N—S-Streichen. Die einzelnen Schichtpakete sind zerrissen, zerbrochen, zerknickt und wirr durcheinander geworfen. Es sieht aus, als hätte eine Riesenfaust die Schichten wie Wäschestücke ausgewrungen (Tafel 2, Fig. 1, 2). Man könnte an eine Bergzerreißung im Ampfererschen Sinne denken, wenn diese wilden Faltungen nicht bis ins Wildensendertal, ja sogar über dieses hinweg bis unter das Rosenköpfel zu verfolgen wären.

Die schwarzen Schiefer des Raibler Horizontes bilden gegen O drei Bänder, die in den Wänden weithin sichtbar sind („Bänderweg" auf den Seekofel). Die Zertrümmerung setzt sich aber auch nach W gegen die Weittalspitze fort.

Jedenfalls handelt es sich hier um eine jüngere, die Drauzug-Falten quer durchschneidende Faltungsrichtung, eine von den zahlreichen jüngeren Querstörungen, welche unseren Alpenkörper an verschiedenen Stellen durchsetzen.

Die Linie Zochenpaß—Lavanttörl kann als Hauptachse des Gebirges gelten, denn südlich davon tritt Südfallen ein. Am Bösen Weibele (Rosenköpfel) tritt es auffallend zutage. Weiter gegen S jedoch versteilt sich wieder das Einfallen und pendelt zwischen N und S hin und her.

Am Riepenkofel ist das Rät stark zusammengestaut. Es herrscht hier anscheinend ruhige Lagerung — aber nur anscheinend — solange man nicht das Einfallen aus der Nähe betrachtet.

Verfolgt man den Kamm, der vom Riepenkofel zum Bösen Weibele in nördlicher Richtung hinführt, so sieht man, daß die Rätbänke vollkommen senkrecht aufgestellt sind; die einzelnen Kalk- und Dolomitbänke ragen als Zähne und Mauern aus den Schiefern hervor, und je näher wir an das Böse Weibele herankommen um so stärker macht sich die sekundäre Zerknitterung der Falten geltend. Wir kommen eben in die Zone der Zochenpaß-Störung.

Das Soleck ist eine Hauptdolomitmasse, die gegen O linsenförmig ausspitzt. Die letzten Späne dieses Dolomites sind in die schwarzen Schiefer eingebettet, und hier kommen die schwarzen Schiefer des Räts mit den schwarzen Schiefern des Raibler Niveaus in direkte Berührung. Diese Zone stärkster Verfaltung zieht am Fuße des Bösen Weibeles, des „Rosenköpfels", in den Graben des Pirkner Baches und schneidet den Dolomit des Solecks ab, der in dieser Zone, wie schon erwähnt, ausspitzt.

Am Südabhang des Riepenkofels gegen die Lakenalm zu befindet sich die südliche Quetschzone, in welcher das Karnische Gebirge gegen den Drauzug angeschoben worden ist. In dieser Gegend kommen alle Schichtglieder vom Aptychenkalk bis zum Grödener Sandstein mit dem Grundgebirge in Berührung. Hiebei ist der konstanteste Horizont der Grödener Sandstein, er schwankt zwar auch sehr in seiner Mächtigkeit, aber er ist immer noch wenigstens in Spuren vorhanden, während Trias und Juragesteine oft nur Linsen von ganz kurzer Erstreckung bilden.

Ein weiteres schönes Profil zeigt uns etwas weiter im W der Graben des Tuffbaches. Besonders die Steilstellung und die Verfaltungen sind sehr schön aufgeschlossen.

Verfolgt man von Tuffbad den Graben des gleichnamigen Baches aufwärts, dann beobachtet man folgendes Profil: Am Übergang des Weges über den Bach steht Amphibolit an, dann roter Quarzporphyr, dann roter Quarzporphyr mit Einschlüssen von grünem und anderem Porphyr. Darüber Grödener Sandstein, der zu Mulm zerfällt. Darüber folgt ein zersplitterter Dolomit; alles ist saiger und weist schöne Harnische mit O—W gerichteten Striemen auf. Darüber liegt dickbankiger Hauptdolomit mit einzelnen Lagen schwarzer Schiefer (Fischschiefer von Seefeld?), dann kommen dünplattige schwarze Kalke mit dickeren Lagen wechselnd und unreine gelbliche Kalke und reine Bändermarmore, die auf den Schichtflächen einen schwarzen Belag aufweisen.

Fig. 1. Falten am Zochenpaß.

Fig. 2. Falten am Zochenpaß und an der Weittalspitze.

Höher im Graben kommt noch öfters der Kontakt Glimmerschiefer—Kalk oder Glimmerschiefer—Grödener Sandstein zutage, ist aber leider immer vom Grabenschutt bedeckt, die linke Grabenseite liegt in der Trias, die rechte im Glimmerschiefer. Im oberen Abschnitt des Grabens findet sich wieder der Grödener Sandstein in größeren Mengen, an seiner oberen Grenze Bänke von unreinem Kalk führend (Werfener?). Das generelle Streichen ist immer O—W, wenn auch die einzelnen Falten oft recht abweichende Streichrichtungen aufweisen. Am sogenannten „Sattel“ ist die Grenze zwischen Drauzug und dem Karnischen Kristallin sichtbar, und zwar ein paar Meter unterhalb des Sattels. Die Sandsteinbänke des Grödener Niveaus sind vollständig zertrümmert, ebenso die Kalke. Den unmittelbaren Kontakt Sandstein—Kalk bildet ein dunkler vollkommen mylonitisierter Dolomit und ein weißer porzellanartig anwitternder Kalk, von dem schwer zu sagen ist, welche stratigraphische Stellung er einnimmt.

Gegen W wird die Zusammenpressung und die Einengung der Drauzugfalten immer intensiver, und schon nördlich von Obertilliach beschreibt G. Geyer ein Profil, in welchem „in einer Einsattelung ... zwischen Breitenstein und Demler Höhe, an einer Stelle, wo eigentlich Raibler Schichten vermutet werden sollten“ Glimmerschiefer auftritt (G. Geyer, 1903, S. 167). Im Meridian von Abfaltersbach treffen wir auf die Profile, die ich vor vielen Jahren beschrieben habe (Furlani 1912). In engen Falten spitzt der Drauzug gegen W in seiner Unterlage aus.

Gegen O werden die Falten weniger eng, das Gebirge erweitert sich trichterförmig, und es soll die Aufgabe weiterer Studien sein, einige Profile im O der in dieser Notiz beschriebenen zu untersuchen und auf einige Fragen über die regionale Stellung des Drauzuges einzugehen.

Die Südgrenze der Lienzer Dolomiten weist auf ihrer ganzen Erstreckung steiles Südfallen oder senkrechte Schichtstellung auf und zeigt überall einen starken Anschub von der Seite des Karnischen Gebirges her, übereinstimmend mit dem von R. Staub postulierten Nordschub der Südalpen (Staub, 1949).

Literaturverzeichnis.

Ältere Literatur bei Geyer, G.: Zur Geologie der Lienzer Dolomiten. Verh. geol. Reichsanst. 1903, 164—195. Wien 1903.

Beck, H., Aufnahmsbericht über Blatt Mölltal. Verh. geol. Bundesanst. 1937, 44—48. Wien 1937.

— Aufnahmsbericht über Blatt Mölltal. Verh. geol. Bundesanst. 1938, 39—42. Wien 1938.

Cornelius, H. P., Geologie der Err-Julier Gruppe. I., II., III. Beiträge geol. Karte Schweiz. Bern 1935, 1950, 1951.
— Zur Auffassung der Ostalpen im Sinne der Deckenlehre. Z. Dtsch. geol. Ges. **92**, 271—310. Berlin 1940.
Cornelius, H. P. u. Furlani-Cornelius, M., Die insubrische Linie vom Tessin bis zum Tonale-Paß. Denkschr. Akad. Wiss. Wien, math.-naturw. Kl. **102**, 207—301. Wien 1931.
— — Zur Schichtfolge und Tektonik der Lienzer Dolomiten. Ber. Reichsamt f. Bodenf., Jahrg. 1943, 1—6. Wien 1943.
Furlani, M., Der Drauzug im Hochpustertal. Mitt. geol. Ges. Wien, **5**, 252—271. Wien 1912.
Geyer, G., Aufnahmsbericht. Verh. geol. Reichsanst. 1902, S. 19. Wien 1902.
— Zur Geologie der Lienzer Dolomiten. Verh. geol. Reichsanst. 1903, 164 bis 195. Wien 1903.
Klebelsberg, R. v., Die Lienzer Dolomiten, Bau und Bild. Jb. des Österr. Alpenvereins 1950, 5—15. Innsbruck 1950.
Mutschlechner, G., Neue Vorkommen von Glimmerkersantit in den Lienzer Dolomiten (Ost-Tirol). Sitzungsber. d. Akad. d. Wiss. Wien, math.-naturw. Kl., Abt. I, **161**, 193—197. Wien 1952.
Sander, B., Über bituminöse Mergel. Jb. geol. Staatsanst., **71**, 135—148. Wien 1921.
Sussmann, O., Zur Kenntnis einiger Blei- und Zinkerzvorkommen der alpinen Trias bei Dellach im Oberdrautale. Jb. geol. Reichsanst., **51**, 265—299. Wien 1901.
Staub, R., Betrachtungen über den Bau der Südalpen. Ecl. geol. Helv., **42**, 215—407. Basel 1949.

Zur Bestimmung der Fossilien:

Böse, E., Über liasische und mitteljurassische Fleckenmergel in den Bayrischen Alpen. Z. Dtsch. geol. Ges., **46**. Berlin 1894.
Dacqué, E., Wirbellose des Jura in Georg Gürich: „Die Leitfossilien", 7. Lief. Berlin, Bornträger 1933.
Dumortier, R., Etudes paléontologiques sur les dépôts jurassiques du Bassin du Rhône. II. S. 32 ff. Paris 1860—1874.
Fucini, A., Ammoniti del Lias medio dell'Appennino centrale. Paleontogr. Italica **VI**, Pisa 1901.
Geyer, G., Über die liasischen Cephalopoden des Hierlatz bei Hallstatt. Abh. geol. Reichsanst., **XII**. Wien 1886.
Hauer, F. v., Über die Cephalopoden aus dem Lias der nordöstlichen Alpen. Denkschr. Akad. Wiss., math.-naturw. Kl., **XI**, Wien 1856.
Quenstedt, F. v., Ammoniten des schwäbischen Jura I, Stuttgart 1885.
Wrigh, Th., Monograph of the Lias Ammonits of the British Islands. Palaeontologr. Soc. London 1878, 1886.

Die in den Sitzungsberichten Abtlg. I und Abtlg. II a der math.-nat. Klasse der Österr. Ak. d. Wiss. erscheinenden Abhandlungen werden auch einzeln abgegeben. Sie können durch jede Buchhandlung oder direkt durch die Auslieferungsstelle der Österreichischen Akademie der Wissenschaften (Wien I, Singerstraße 12) bezogen werden.

Nachfolgende Abhandlungen aus dem Fache **Botanik** (Biologie) sind erschienen:

1948 (S I Bd. 157):

Baum Hermine: Postgenitale Verwachsung in und zwischen Karpell- und Staubblattkreisen (mit 7 Textabbildungen), 21 Seiten. S 10.—

Hofmeister L.: Vitalfärbungsstudien mit Chrysoidin, 27 Seiten. S 16.—

1949 (S I Bd. 158):

Franz H.: Erster Nachtrag zur Landtierwelt der mittleren Hohen Tauern, mit einem Beitrag von J. Klimesch, 77 Seiten. S 40.—

Janchen E.: Das System der Koniferen, 107 Seiten. Vergriffen

Will-Richter Gerda: Der osmotische Wert der Lebermoose (mit 48 Textabb.), 111 Seiten. S 54.—

1950 (S I Bd. 159):

Cholnoky B. v. und Höfler K.: Vergleichende Vitalfärbungsversuche an Hochmooralgen (mit 23 Textabbildungen), 39 Seiten. S 29.40

1951 (S I Bd. 160):

Biebl R.: Bodentemperaturen unter verschiedenen Pflanzengesellschaften (mit 9 Textabbildungen), 19 Seiten. S 13.—

Fritz Anna: Veränderungen von Plasmaeigenschaften durch Vitalfarbstoffe, I. Prune pure, 99 Seiten. S 19.—

Kasy Rosemarie: Untersuchungen über Verschiedenheiten der Gewebeschichten krautiger Blütenpflanzen in Beziehung zu entwicklungsgeschichtlichen Befunden Hans Winklers an Pfropfbastarden (mit 2 Textabbildungen), 63 Seiten. S 29.—

Kopetzky-Rechtperg O.: Über eine Mißbildung der Alge Netrium digitus (Ehrenberg) Itzigs und Rothe (mit 1 Textabbildung), 5 Seiten. S 2.50

Krebs Ingeborg: Beiträge zur Kenntnis des Desmidiaceen-Protoplasten: I. Osmotische Werte. II. Plastidenkonsistenz (mit 3 Textabbildungen), 34 Seiten. S 20.—

Loub W.: Über die Resistenz verschiedener Algen gegen Vitalfarbstoffe (mit 4 Textabbildungen), 37 Seiten. S 20.—

Luhan Maria: Zur Wurzelanatomie unserer Alpenpflanzen: I. Primulaceae (mit 10 Textabbildungen), 26 Seiten. S 12.50

Stadelmann E.: Zur Messung der Stoffpermeabilität pflanzlicher Protoplasten: I. Die mathematische Ableitung eines Permeabilitätsmaßes für Anelektrolyte (mit 6 Textabbildungen), 26 Seiten. S 16.—

Weber E.: Physiologische Untersuchungen an Euglena olivacea. 23 Seiten. S 7.—

1952 (S I Bd. 161):

Cholnoky B. J. v.: Beobachtungen über die Plasmolyse: I. Die protoplasmatische Wirkung von NaCl-, NaOH- und HCl-Gemischen auf Delphinium-Blumenblattzellen (mit 7 Tafeln), 18 Seiten. S 12.90

Höfler K., w. M., und Loub W.: Algenökologische Exkursion ins Hochmoor auf der Gerlosplatte (mit 2 Textabbildungen), 21 Seiten. S 10.70

Kopetzky-Rechtperg O.: Artenliste von Desmidiales aus den österreichischen Alpen (mit 1 Textabbildung), 22 Seiten. S 9.40

Krebs Ingeborg: Beiträge zur Kenntnis des Desmidiaceen-Protoplasten: III. Permeabilität für Nichtleiter (mit 6 Textabbildungen), 37 Seiten. S 23.80

Küster E.: Beobachtungen über die Wirkungen des Ultraschalls auf lebende Pflanzenzellen, 13 Seiten. S 5.—

Luhan Maria: Zur Wurzelanatomie unserer Alpenpflanzen: II. Saxifragaceae und Rosaceae (mit 15 Textabbildungen), 38 Seiten. S 16.70

Stadelmann E.: Zur Messung der Stoffpermeabilität pflanzlicher Protoplasten, II. (mit 5 Textabbildungen), 35 Seiten. S 25.70

Toth-Ziegler Annemarie: Rot fluoreszierende Inhaltskörper bei Leguminosen (mit 22 Textabbildungen), 44 Seiten. S 22.40

Wawrik Friederike: Grundwasserstudie (mit 7 Textabbildungen), 20 Seiten. S 12.50

Wiesner Gertraud: Die Bedeutung der Lichtintensität für die Bildung von Moosgesellschaften im Gebiet von Lunz, 24 Seiten. S 10.80

www.ingramcontent.com/pod-product-compliance
Ingram Content Group UK Ltd.
Pitfield, Milton Keynes, MK11 3LW, UK
UKHW021835270726
14058UKWH00001B/157

* 9 7 8 3 6 6 2 2 4 4 7 2 2 *